Ana Somarriba
Carlos Jacomino

El Nuevo Arte de Crear

Ana Somarriba
Carlos Jacomino

El Nuevo Arte de Crear

"Cómo la IA Redibuja el Diseño Gráfico"

Editorial Académica Española

Imprint

Any brand names and product names mentioned in this book are subject to trademark, brand or patent protection and are trademarks or registered trademarks of their respective holders. The use of brand names, product names, common names, trade names, product descriptions etc. even without a particular marking in this work is in no way to be construed to mean that such names may be regarded as unrestricted in respect of trademark and brand protection legislation and could thus be used by anyone.

Cover image: www.ingimage.com

Publisher:
Editorial Académica Española
is a trademark of
Dodo Books Indian Ocean Ltd. and OmniScriptum S.R.L publishing group

120 High Road, East Finchley, London, N2 9ED, United Kingdom
Str. Armeneasca 28/1, office 1, Chisinau MD-2012, Republic of Moldova, Europe
Printed at: see last page
ISBN: 978-613-9-46888-1

Prólogo

dentrarse en *El Nuevo Arte de Crear: Cómo la IA Redibuja el Diseño Gráfico* es mucho más que leer un libro: es embarcarse en un viaje que redefine la relación entre creatividad y tecnología. Este libro invita a diseñadores, estudiantes y creativos de todas las disciplinas a reflexionar y actuar frente a la revolución digital liderada por la inteligencia artificial (IA). ¿Qué significa ser un diseñador en esta nueva era? ¿Es la IA una amenaza o una herramienta para ampliar nuestras posibilidades creativas?

En sus páginas, encontrarás un análisis riguroso y accesible sobre cómo la IA está transformando las dinámicas del diseño gráfico. Desde una breve historia de su evolución, hasta herramientas concretas como Adobe Sensei y DALL·E que están permitiendo diseñar con mayor velocidad y precisión. Aprenderás cómo automatizar tareas, explorar posibilidades visuales inéditas y personalizar experiencias para audiencias específicas.

Además, el libro aborda con valentía las preguntas más desafiantes: ¿Cómo afecta la IA a la creatividad humana? ¿Qué rol debe asumir el diseñador cuando las máquinas generan opciones a una velocidad sin precedentes? También reflexiona sobre cuestiones éticas, como los derechos de autor y la responsabilidad social, esenciales en un entorno digital cada vez más complejo.

Este libro no es solo una guía técnica, es un manifiesto para quienes creen que la creatividad humana sigue siendo insustituible, pero que puede ser potenciada por la colaboración con la tecnología. Si estás listo para descubrir cómo la IA puede liberar tu potencial creativo y redibujar el futuro del diseño, entonces este libro es para ti. ¡Bienvenido a la nueva era de la creación!

Índice

Capítulo 1: ¿Qué es la IA y Por Qué importa en el Diseño Gráfico?

Historia Breve de la IA en el Diseño

¿Es posible que una máquina tenga creatividad? Este ha sido un cuestionamiento recurrente desde que la inteligencia artificial (IA) comenzó a intervenir en procesos antes considerados exclusivos de los humanos, como el diseño gráfico. La IA ha pasado de ser una promesa futurista a una realidad que impacta en cómo diseñamos, automatizamos tareas y democratizamos el acceso a herramientas creativas avanzadas. "La inteligencia artificial permite que los sistemas muestren un comportamiento inteligente al analizar su entorno y tomar medidas para lograr objetivos específicos" (Lazo Altamirano, Condori Quispe, & Abarca Rojas, 2024, p. 100). Esta capacidad de la IA para asumir funciones creativas plantea preguntas y, a su vez, abre oportunidades insospechadas en la industria del diseño.

La incursión de la IA en el diseño ha desafiado las nociones tradicionales de creatividad, redefiniendo la relación entre humanos y máquinas (Abadía, 1986; Lazo Altamirano et al., 2024). Este capítulo explora cómo la IA está moldeando esta relación, al tiempo que ofrece un análisis detallado de sus aplicaciones prácticas y de su impacto ético y técnico en el diseño gráfico.

La inteligencia artificial (IA) se define como el conjunto de sistemas y tecnologías diseñados para realizar tareas que tradicionalmente requerirían intervención humana, incluyendo aprendizaje, razonamiento y resolución de problemas (Pérez & Ramírez, 2023). En el diseño gráfico, la IA ha transcendido su rol como una herramienta de apoyo técnico, posicionándose como un colaborador en procesos creativos. Su capacidad para analizar patrones y generar propuestas personalizadas la convierte en un recurso indispensable en un mercado donde la rapidez y la innovación son clave.

La inteligencia artificial (IA) ha revolucionado diversos sectores, y el diseño gráfico se encuentra en el epicentro de esta transformación. Desde la década de 1950, cuando surgieron los primeros conceptos de IA, esta tecnología ha pasado de ser un proyecto teórico a una herramienta práctica que impacta en múltiples industrias. En el diseño gráfico, la IA permite tanto la automatización de tareas técnicas como la generación de contenido visual a una velocidad y escala sin precedentes. La IA no solo promete aumentar la eficiencia, sino que también plantea cuestiones profundas sobre la creatividad y el rol humano en un campo históricamente artístico y subjetivo (Abadía, 1986; Lazo Altamirano, Condori Quispe, & Abarca Rojas, 2024).

Los conceptos iniciales de la IA fueron desarrollados por el matemático británico Alan Turing en los años 50, quien sugirió que una máquina podía ser considerada "inteligente" si lograba imitar con éxito las respuestas humanas en situaciones de comunicación. Esta idea, conocida como el Test de Turing, sentó las bases para las futuras investigaciones en IA y permitió que se desarrollaran sistemas capaces de procesar y analizar grandes volúmenes de datos. Hoy en día, aunque la IA aún no ha alcanzado el nivel de sofisticación y autonomía que Turing imaginaba, sus aplicaciones en la generación de contenido visual y en el análisis de patrones de diseño son testimonio de su valor en la industria gráfica (Lazo Altamirano et al., 2024).

El viaje de la IA en el diseño gráfico comenzó en la década de 1960, cuando los primeros sistemas de computadora permitían la creación de gráficos básicos en blanco y negro. Estos desarrollos iniciales representaban los cimientos para futuras innovaciones en diseño digital. Aunque las capacidades de estos sistemas eran limitadas, mostraban el potencial de la tecnología para transformar la creatividad visual (Schwartz, 2021).

Los avances en software durante los años 90, como el lanzamiento de Adobe Photoshop y CorelDRAW, marcaron un cambio fundamental en el diseño gráfico digital. Estas herramientas ofrecían ediciones complejas y una personalización avanzada de imágenes, integrando funciones automáticas como la corrección de color y filtros de imagen. Si bien estos procesos no estaban impulsados por IA en un sentido moderno, establecieron las bases para el uso de herramientas inteligentes en diseño (González, 2020).

¿Qué Puede Hacer la IA en Diseño?

Hoy en día, la IA se ha consolidado como un colaborador creativo. Herramientas como Adobe Sensei y Runway ML permiten la generación de contenido optimizado para audiencias específicas, adaptándose al comportamiento del usuario y generando gráficos, patrones y efectos visuales que antes requerían un trabajo manual considerable (Adobe, 2022). La IA permite a los diseñadores experimentar sin restricciones, explorando combinaciones visuales con rapidez y precisión.

Esta revolución es visible en el uso de herramientas como DALL·E y Midjourney, que permiten a los diseñadores generar imágenes de alta calidad basadas únicamente en descripciones textuales. Un ejemplo concreto es el uso de DALL·E en campañas publicitarias: con una simple instrucción, como "una escena tranquila de una ciudad al amanecer, con un tono de ensueño", el sistema puede crear múltiples opciones que cumplan con esta descripción. Esto significa que el diseñador puede visualizar rápidamente diferentes conceptos sin necesidad de crear bocetos manuales o pasar horas en programas de edición. Según Santos Tapia (2024), la IA facilita "una experimentación visual rápida y sin los altos costos de tiempo que caracterizan al diseño manual" (p. 87). Esta rapidez y adaptabilidad han convertido a la IA en una herramienta indispensable para los diseñadores modernos que buscan mejorar la eficiencia sin sacrificar la calidad.

Actualmente, la IA no solo apoya en la automatización, sino que también impulsa la innovación visual. Desde generar gráficos complejos en segundos hasta personalizar diseños para diferentes audiencias, esta tecnología ha revolucionado el flujo de trabajo de los diseñadores, permitiéndoles explorar nuevas fronteras creativas mientras optimizan el tiempo y los recursos (Wilson, 2023).

Uno de los usos más comunes y prácticos de la IA en diseño gráfico es en la edición de imágenes. Actualmente, los algoritmos de IA pueden identificar y corregir elementos específicos en una imagen, como ajustar el color, la iluminación y el contraste de manera automática. Herramientas como FaceApp y Photoshop han implementado algoritmos que, mediante redes neuronales convolucionales, permiten retocar rostros, eliminar fondos y restaurar imágenes con una precisión asombrosa (González, 2020). Esta capacidad no solo ahorra tiempo, sino que también permite realizar ediciones avanzadas sin requerir habilidades técnicas exhaustivas.

Sin embargo, la revolución de la IA en el diseño gráfico no se limita a la generación de imágenes. Otro aspecto innovador es su capacidad para optimizar y personalizar los elementos visuales en tiempo real. Adobe Sensei, la IA integrada en Adobe Creative Cloud, permite realizar ajustes automáticos de iluminación, color y contraste en una imagen, y hasta sugiere combinaciones de fuentes y estilos, ayudando a los diseñadores a tomar decisiones estéticas informadas en segundos (Martínez, Dennis, Cáceres, Gutiérrez, & Quiroz, 2023). Este nivel de automatización es crucial en industrias de ritmo acelerado, como la publicidad digital y las redes sociales, donde los tiempos de entrega son cortos y la calidad debe ser alta.

Más allá de la automatización, la IA actúa como un "asistente creativo", sugiriendo ideas y soluciones basadas en datos históricos y tendencias actuales. Esto ayuda a los diseñadores a superar bloqueos creativos, explorando nuevas combinaciones visuales de manera rápida y eficiente (Taylor & Green, 2022).

Además, la IA ofrece la posibilidad de adaptar los diseños al público específico. En el pasado, los diseñadores debían crear variaciones manuales para diferentes audiencias, lo cual era un proceso lento y laborioso. Hoy, gracias a la IA, una misma pieza puede personalizarse automáticamente para distintos segmentos de audiencia, un proceso que se conoce como "diseño gráfico adaptativo" (Lazo Altamirano et al., 2024). Este enfoque permite que cada diseño se adapte a las preferencias de color, estilo y composición de su audiencia objetivo, maximizando el impacto y el alcance de la comunicación visual.

También permite a los diseñadores generar gráficos, logotipos y patrones personalizados de manera automática. Herramientas como Canva y Looka utilizan algoritmos para analizar preferencias visuales y crear logotipos y gráficos adaptados a los estilos específicos de cada usuario (Rosenberg, 2021). Estos programas automatizan el proceso de diseño, generando múltiples opciones visuales que se alinean con los principios de diseño tradicionales, pero adaptadas a las preferencias del usuario, ahorrando tiempo y estimulando la creatividad.

La inteligencia artificial se define como una disciplina de la informática enfocada en crear sistemas capaces de realizar tareas que, en el pasado, solo podían ser ejecutadas por seres humanos. Aunque la IA actual carece de la "conciencia" o la "creatividad" que caracterizan al intelecto humano, su capacidad para analizar datos, aprender de patrones y generar soluciones complejas ha transformado profundamente numerosos campos, incluyendo el diseño gráfico. En palabras de Abadía (1986), la IA "consiste en sistemas que exhiben características asociadas con la inteligencia humana, como el aprendizaje, el razonamiento y la resolución de problemas" (p. 1). La evolución de esta tecnología ha permitido que hoy se convierta en una herramienta de uso cotidiano para millones de personas, extendiendo sus aplicaciones a nivel industrial, educativo y creativo.

El diseño gráfico se ha beneficiado enormemente de los avances en IA, sobre todo gracias a su capacidad para democratizar herramientas avanzadas que antes solo estaban disponibles para expertos. Por ejemplo, plataformas como Canva y Crello ofrecen a usuarios sin experiencia la posibilidad de diseñar gráficos atractivos mediante funciones asistidas por IA que optimizan las combinaciones de color, fuente y estilo. En lugar de necesitar conocimientos avanzados, los usuarios pueden seleccionar opciones predefinidas que han sido optimizadas por IA para cumplir con criterios estéticos y funcionales. Según Santos Tapia (2024), esta accesibilidad "transforma el diseño gráfico, haciéndolo accesible y adaptable para cualquier persona, independientemente de su formación" (p. 85).

Además de democratizar el diseño, la IA ha planteado nuevas cuestiones sobre el valor del diseño gráfico en un contexto en el que cualquier persona puede crear contenido visual de alta calidad. ¿Dónde queda el rol del diseñador profesional en un mundo en el que las herramientas de IA facilitan el diseño gráfico para el usuario común? Aunque algunos en la industria temen que la IA pueda desplazar a los diseñadores, otros creen que la IA complementa y mejora sus habilidades en lugar de reemplazarlas. Martínez et al. (2023) señalan que "la IA permite a los diseñadores concentrarse en la creatividad y el mensaje, dejando las tareas repetitivas a los algoritmos" (p. 518), lo cual redefine el rol del diseñador en una era digital.

Uno de los aspectos más fascinantes de la IA en el diseño gráfico es su capacidad para transformar cada fase del proceso creativo, desde la inspiración inicial hasta la producción final. En el pasado, un diseñador podía pasar días o semanas experimentando con diferentes combinaciones de colores, tipos de letras y composiciones. Hoy en día, la IA permite que gran parte de este trabajo se realice de manera automática, lo que acelera significativamente el flujo de trabajo y facilita la experimentación visual. (Santos Tapia, 2024).

Lejos de desplazar al diseñador, la IA está emergiendo como un colaborador creativo. Según Wilson (2023), la IA debe entenderse como un "catalizador para la creatividad", proporcionando sugerencias, automatizando tareas repetitivas y ampliando las posibilidades visuales. Herramientas como Adobe Sensei no reemplazan la intervención humana, sino que potencian la capacidad del diseñador para experimentar con ideas que antes habrían sido inviables debido a restricciones de tiempo o recursos.

Un aspecto menos explorado pero igualmente fascinante es el papel de la IA como una fuente de inspiración para los diseñadores. En lugar de limitarse a generar contenido final, la IA puede sugerir ideas iniciales que sirvan como punto de partida para proyectos más elaborados. Según Taylor y Green

(2022), las herramientas de IA actúan como "asistentes creativos", ayudando a los diseñadores a superar bloqueos creativos mediante la generación de propuestas innovadoras basadas en tendencias actuales y datos históricos.

Una pregunta recurrente es si la IA puede considerarse creativa en un sentido humano. Según Pérez y Ramírez (2023), la creatividad algorítmica se basa en la combinación de patrones y datos existentes, lo que permite generar resultados originales pero no necesariamente innovadores en términos humanos. Por ejemplo, herramientas como DALL·E pueden producir imágenes únicas basadas en descripciones textuales, pero su creatividad está limitada por los datos con los que fue entrenada.

La verdadera creatividad, argumentan Veritas (2023), radica en la capacidad del diseñador para interpretar y refinar las propuestas generadas por la IA, agregando un contexto cultural y emocional que las máquinas no pueden comprender.

La IA ha hecho que el diseño gráfico sea más accesible que nunca. Plataformas como Canva permiten a personas sin experiencia técnica crear gráficos profesionales mediante funciones asistidas por IA. Estas herramientas democratizan el diseño, pero también plantean preguntas sobre el rol del diseñador profesional.

Si bien esta accesibilidad puede generar una mayor competencia, también ofrece una oportunidad para que los diseñadores se diferencien a través de la calidad y la innovación. Según Fernández y López (2023), los diseñadores que adoptan la IA como una extensión de sus habilidades pueden ofrecer un valor único en un mercado saturado de contenido genérico.

A pesar de sus avances, la IA tiene limitaciones significativas. Carece de intuición, empatía y contexto cultural, habilidades esenciales para crear diseños que resuenen con las audiencias. Según Rodríguez (2022), la IA puede generar soluciones visuales impresionantes, pero estas deben ser evaluadas críticamente por el diseñador para garantizar que cumplan con los objetivos del proyecto.

Además, los sesgos inherentes en los datos de entrenamiento de la IA pueden influir negativamente en los resultados, generando contenido que no es inclusivo o que perpetúa estereotipos (Brown, 2023). Esto subraya la importancia de que los diseñadores actúen como mediadores críticos entre las propuestas de la IA y las necesidades del cliente.

A medida que la IA se integra más profundamente en el diseño gráfico, el rol del diseñador está evolucionando. Según Wilson (2023), los diseñadores del futuro deberán combinar habilidades artísticas tradicionales con competencias técnicas avanzadas. Esto incluye comprender cómo funcionan los algoritmos, interpretar los resultados generados por la IA y colaborar con expertos en tecnología para desarrollar soluciones innovadoras.

El futuro de la IA en diseño gráfico promete avances emocionantes, desde la integración con tecnologías emergentes como la realidad virtual hasta el desarrollo de sistemas más intuitivos que colaboren activamente con los diseñadores. Según López y García (2024), estas innovaciones no solo ampliarán las posibilidades creativas, sino que también redefinirán cómo concebimos el proceso de diseño. Por ejemplo, se espera que la IA evolucione hacia sistemas capaces de interpretar mejor las emociones y los contextos culturales, lo que podría permitir la creación de diseños más empáticos y efectivos en términos comunicativos.

Objetivos y Propósito del Libro

Por lo tanto, este libro busca responder una pregunta esencial para la era digital: ¿Cómo está la inteligencia artificial revolucionando el diseño gráfico y cuál será su impacto a futuro? A través de un análisis riguroso de las herramientas y aplicaciones actuales de IA, los lectores obtendrán una comprensión profunda de cómo esta tecnología influye en el diseño y en el proceso creativo. Este estudio también abordará los desafíos éticos y técnicos que acompañan a la IA en la industria, ofreciendo una perspectiva crítica sobre cómo los diseñadores pueden adaptarse a un mundo cada vez más automatizado sin perder su toque creativo.

La inteligencia artificial ha redefinido el diseño gráfico al combinar eficiencia técnica con posibilidades creativas nunca antes vistas. Lejos de ser una amenaza, la IA se posiciona como un aliado estratégico que permite a los diseñadores expandir sus capacidades y abordar proyectos con un enfoque más innovador. Sin embargo, para aprovechar al máximo esta tecnología, es esencial que los profesionales del diseño adopten un enfoque equilibrado, integrando competencias humanas únicas como la empatía y la narrativa con las capacidades analíticas y de automatización de la IA.

Según Veritas (2023), "la IA no reemplaza la creatividad humana, sino que la amplifica, proporcionando herramientas que potencian la imaginación y permiten explorar territorios visuales que antes eran inalcanzables" (p. 87). Por lo tanto, el futuro del diseño gráfico reside en la colaboración simbiótica entre humanos y máquinas, donde cada uno aporta su fortaleza para construir un campo más dinámico, inclusivo y sostenible.

Capítulo 2: IA en Acción: Herramientas y Ejemplos Prácticos.

La inteligencia artificial (IA) ha transformado el diseño gráfico al ofrecer herramientas innovadoras que no solo optimizan procesos, sino que también inspiran nuevas posibilidades creativas.

En los últimos años, la inteligencia artificial (IA) ha revolucionado el diseño gráfico al introducir herramientas que optimizan, personalizan y mejoran los procesos creativos. La IA en diseño no solo facilita la creación de contenido visual, sino que también permite la personalización a gran escala y la adaptación de campañas publicitarias en tiempo real. Este capítulo explora cómo la IA se aplica en el diseño gráfico a través de herramientas clave como Adobe Sensei, DALL·E y Midjourney, así como en proyectos de realidad virtual y campañas publicitarias, transformando la industria creativa y ofreciendo posibilidades antes inimaginables (Sánchez, 2024; Chaparro González, 2024; Jiménez Sánchez, 2024).

Herramientas Principales de IA en Diseño

Adobe Sensei: Adobe Sensei es una plataforma de IA de Adobe que potencia aplicaciones como Photoshop e Illustrator, permitiendo a los diseñadores automatizar tareas complejas y optimizar flujos de trabajo. Sensei ofrece funciones como "Content-Aware Fill", que permite eliminar elementos de una imagen y rellenar el espacio vacío con contenido contextual en cuestión de segundos, ahorrando tiempo en la edición manual (Adobe, 2022). Esta tecnología analiza patrones visuales y propone cambios que mejoran la composición, lo que ayuda a los diseñadores a concentrarse en el aspecto creativo (Jones & Smith, 2022, p. 78).

Runway ML: Generación de Contenido Multimedia

Runway ML es una herramienta de IA diseñada para diseñadores gráficos y videógrafos. Esta plataforma permite generar animaciones, videos y efectos visuales a partir de entradas simples, como texto o imágenes. Según Santos Tapia (2024), "Runway ML ofrece a los diseñadores la capacidad de transformar ideas complejas en contenido visual profesional en minutos" (p. 92). Esto es especialmente útil en la creación de contenido para campañas publicitarias y plataformas digitales.

Wix ADI: Wix ADI (Artificial Design Intelligence) es una herramienta de creación de sitios web que permite a los usuarios diseñar páginas personalizadas sin experiencia previa en programación. Al contestar algunas preguntas iniciales, Wix ADI utiliza IA para organizar el contenido, seleccionar paletas de colores y ajustar el diseño de manera que se adapte a las necesidades del usuario (Lazo Altamirano et al., 2024). Esto resulta en sitios únicos y funcionales que responden tanto al estilo del usuario como a las expectativas de los visitantes (Rosenberg, 2021, p. 23).

Canva: Canva ha integrado IA en su plataforma para facilitar el diseño rápido y profesional. Funciones como "Magic Resize" permiten adaptar automáticamente los diseños a distintos tamaños para plataformas sociales, y la IA sugiere colores y tipografías que coinciden con el estilo visual del usuario (Martínez & Torres, 2022). Estas capacidades permiten a personas sin conocimientos de diseño crear gráficos consistentes y atractivos para redes sociales y otros medios (Martínez & Torres, 2022, p. 87).

Ejemplo de Uso Práctico: Un diseñador que trabaja en una campaña publicitaria puede introducir una descripción como "una escena urbana al atardecer con un toque futurista y colores cálidos". En cuestión de segundos, la IA generará varias versiones de la imagen que cumplen con estos criterios, lo que permite al diseñador explorar diferentes conceptos sin pasar horas en bocetos o revisiones manuales. Según Sánchez (2024), esta rapidez y adaptabilidad hacen de la IA una herramienta indispensable en la industria.

Una de las innovaciones más notables es la creación de tipografía mediante IA, donde se generan automáticamente combinaciones de fuentes visualmente armoniosas. Herramientas como Fontjoy utilizan IA para analizar la estética de cada fuente y proponer combinaciones que reflejen la identidad de una marca o un proyecto (Nguyen et al., 2019). Esta tecnología ayuda a los diseñadores a ahorrar tiempo en la selección tipográfica y a lograr coherencia visual de manera eficiente (Schwartz, 2021, p. 40).

Aunque la digitalización domina el diseño gráfico actual, la IA también está impactando significativamente el diseño impreso y editorial. Herramientas como InDesign AI integran algoritmos que analizan el contenido para proponer composiciones equilibradas y estéticamente agradables, mejorando la legibilidad y la disposición visual (Rosenberg, 2021). Estas aplicaciones automatizan tareas como la selección de tipografías, la alineación de texto y la creación de estilos consistentes en todo un proyecto.

La IA está ayudando a los diseñadores a prever tendencias en redes sociales, generando contenido que resuena con las audiencias antes de que los temas se conviertan en virales. Herramientas como BuzzSumo AI analizan datos de interacción y sugieren tipos de contenido visual que podrían captar mayor atención, como colores predominantes o formatos específicos para cada plataforma (Santos Tapia, 2024).

La proliferación de dispositivos móviles ha impulsado el desarrollo de herramientas de IA que optimizan automáticamente los diseños para diferentes tamaños de pantalla. Esto incluye ajustes en la disposición de texto, imágenes y botones interactivos, mejorando la experiencia del usuario. Herramientas como Sketch AI pueden generar versiones móviles de un diseño web en cuestión de minutos (Rosenberg, 2021).

La IA ha llevado la personalización a un nivel nunca antes visto, permitiendo a las empresas adaptar sus campañas publicitarias a audiencias específicas. Mediante el análisis de datos de comportamiento y preferencias del consumidor, la IA puede personalizar visuales y mensajes en tiempo real, ajustando elementos de color, estilo y composición de acuerdo con las preferencias del público. Esto, conocido como "diseño adaptativo", permite que una misma campaña se adapte a múltiples segmentos de audiencia, maximizando el impacto y la relevancia de cada pieza visual (Lazo Altamirano, Condori Quispe, & Abarca Rojas, 2024).

Jiménez Sánchez (2024) analiza cómo la personalización en campañas publicitarias no solo mejora la efectividad del mensaje, sino que también permite que las marcas se conecten emocionalmente con los consumidores. La IA permite que el contenido visual se ajuste automáticamente a los intereses de la audiencia, mejorando así el alcance de la campaña y el compromiso del usuario. Por ejemplo, una marca de moda podría adaptar sus anuncios de acuerdo con las preferencias de estilo de sus consumidores, utilizando IA para personalizar cada visual en función de las tendencias que predominan en cada mercado.

Ejemplo de Campaña Exitosa: Nike ha implementado IA en sus anuncios para ajustar los elementos visuales según el mercado al que se dirigen. Esta estrategia ha permitido que sus campañas varíen en color, tipografía y estilo, según la audiencia objetivo, optimizando la conexión emocional entre la marca y los consumidores y aumentando la tasa de conversión (Jiménez Sánchez, 2024).

El diseño gráfico en el ámbito de la realidad virtual (RV) también se ha beneficiado de las herramientas de IA, las cuales optimizan los procesos de desarrollo y reducen los costos sin comprometer la calidad visual. Chaparro González (2024) explica que la IA puede agilizar significativamente la creación de entornos de realidad virtual mediante la automatización de tareas que antes requerían horas de trabajo manual. Al aplicar IA en proyectos de RV, los diseñadores pueden explorar conceptos visuales de manera rápida y eficiente, generando demos y experiencias interactivas que llevan el diseño gráfico a un nivel más inmersivo.

Ejemplo de Aplicación: Un estudio de diseño que trabaja en una demo de realidad virtual puede utilizar IA para crear un entorno virtual basado en una descripción, como "un bosque encantado al anochecer con una atmósfera mística". La IA genera automáticamente elementos visuales, texturas y efectos de iluminación que se integran en la experiencia de RV. Según Chaparro González (2024), "las herramientas de IA permiten optimizar el proceso de desarrollo, reduciendo costos y tiempo sin comprometer la calidad gráfica" (p. 22).

Ejemplos de IA en Diferentes Tipos de Diseño

Una de las capacidades más valiosas de la IA es su habilidad para analizar grandes volúmenes de datos y predecir patrones de comportamiento. Según Martínez y Torres (2022), los algoritmos de IA permiten a los diseñadores anticipar las preferencias de los usuarios, lo que resulta en campañas más efectivas y en contenido visual adaptado a audiencias específicas.

La IA también ha ampliado el alcance del diseño gráfico, haciéndolo más accesible e inclusivo. Herramientas de IA pueden generar automáticamente descripciones de imágenes, permitiendo que personas con discapacidades visuales comprendan el contenido visual. Además, la IA puede ajustar elementos de diseño para hacerlos más fáciles de interpretar para personas con discapacidades cognitivas, creando un entorno de diseño más inclusivo y accesible para todos (Lazo Altamirano et al., 2024).

Aunque el diseño gráfico ha evolucionado hacia lo digital, la IA también está transformando los procesos tradicionales de diseño impreso y editorial. Herramientas como PageMaker AI utilizan algoritmos para optimizar la composición de páginas en revistas, libros y catálogos. Estas herramientas analizan el contenido para proponer distribuciones visualmente equilibradas, optimizando el espacio y mejorando la legibilidad (Rosenberg, 2021).

La narrativa visual está siendo revolucionada por la IA al permitir la creación de contenido que cuenta historias de manera dinámica. Herramientas como Storyboard AI generan secuencias visuales a partir de guiones textuales, sugiriendo composiciones y enfoques cinematográficos. Según Jiménez Sánchez (2024), "esta tecnología acelera los procesos de creación de contenido narrativo, permitiendo a los diseñadores concentrarse en aspectos más artísticos" (p. 84).

El diseño generativo es una de las tendencias más prometedoras en la intersección de IA y diseño gráfico. Este enfoque permite a los diseñadores establecer parámetros básicos, como colores, formas y estilos, mientras que la IA genera múltiples variaciones dentro de esos límites. Según Chen (2022), el diseño generativo no solo acelera los procesos creativos, sino que también abre nuevas posibilidades para explorar soluciones innovadoras que podrían no haber sido consideradas por métodos tradicionales.

Un ejemplo destacado es el uso de IA para diseñar logotipos corporativos. Herramientas como Looka generan cientos de opciones a partir de una simple descripción, permitiendo que las empresas seleccionen y refinen el diseño que mejor se adapte a su identidad visual (Gómez & Rodríguez, 2023).

Publicidad y Personalización: IA en el Marketing Digital

La personalización es clave en el marketing digital, y la IA ha permitido alcanzar un nivel de precisión sin precedentes en las campañas publicitarias. Al analizar datos del comportamiento del usuario, la IA ajusta los anuncios para mostrar contenido relevante en el momento ideal, maximizando el impacto publicitario (Sánchez, 2024).

La IA permite a las marcas crear anuncios ajustados a las preferencias de cada usuario, mejorando la experiencia y aumentando la probabilidad de conversión. Este tipo de personalización es particularmente efectivo en campañas de remarketing, donde se presentan productos que el usuario ha mostrado interés en el pasado (Santos Tapia, 2024). Al ajustar los anuncios en tiempo real, la IA logra mantener la relevancia y mejorar la tasa de clics (Gómez & Rodríguez, 2023, p. 18).

Según Santos Tapia (2024), "la IA puede transformar el diseño gráfico en un medio más inclusivo, permitiendo que los diseñadores creen contenido que sea accesible y comprensible para una audiencia más diversa" (p. 92). Este aspecto inclusivo de la IA en el diseño gráfico refuerza el propósito del diseño de comunicar de manera efectiva y significativa, sin excluir a ningún grupo de personas.

El diseño gráfico no funciona en aislamiento, y la IA está facilitando la colaboración entre disciplinas. Por ejemplo, en el desarrollo de aplicaciones móviles o videojuegos, los diseñadores gráficos trabajan junto con desarrolladores y expertos en experiencia de usuario (UX). Herramientas como Figma, que ahora integran funciones basadas en IA, permiten la creación de prototipos interactivos en tiempo real. Según Martínez y Gómez (2022), esta colaboración eficiente mejora significativamente los tiempos de entrega y la calidad del producto final.

La inteligencia artificial ha demostrado ser un motor de cambio en el diseño gráfico, facilitando procesos, abriendo nuevas posibilidades creativas y mejorando la accesibilidad. Desde herramientas como Adobe Sensei hasta aplicaciones innovadoras en realidad virtual y diseño generativo, la IA está transformando la forma en que los diseñadores trabajan y colaboran. Según López y García (2024), "la verdadera innovación en diseño no radica en reemplazar al diseñador, sino en potenciar su creatividad y ampliar los límites de lo posible" (p. 45).

En el campo de la animación, la IA está revolucionando los procesos de creación. Herramientas como DeepMotion permiten generar animaciones a partir de videos, utilizando aprendizaje profundo para interpretar el movimiento humano. Esto no solo ahorra tiempo, sino que también permite a los diseñadores gráficos explorar nuevas formas de narrar historias visuales (Wilson, 2023).

El concepto de identidad visual dinámica ha cobrado relevancia gracias a la IA. Herramientas como Dynamic Brand AI permiten que las marcas adapten automáticamente sus logotipos, colores y elementos gráficos a diferentes plataformas y contextos. Por ejemplo, un logotipo puede modificarse para incluir colores específicos que coincidan con el evento o temporada actual, sin necesidad de rediseñarlo manualmente.

Gómez y Rodríguez (2023) explican que "esta capacidad de adaptación gráfica en tiempo real mejora la percepción de relevancia de la marca y fortalece su conexión con el público" (p. 43).

IA en Diseño Web y Experiencia de Usuario

La IA en diseño web permite mejorar la navegación a través de sistemas de recomendación y motores de búsqueda internos que muestran contenido relevante para el usuario. Además, los sitios web adaptan su diseño a los dispositivos y entornos, asegurando una visualización óptima en teléfonos móviles, tablets y ordenadores (Chaparro González, 2024). Este diseño adaptativo asegura que el usuario tenga una experiencia fluida y coherente en cualquier plataforma. Finalmente, la IA ha llevado el diseño adaptativo a un nivel superior, ajustando automáticamente elementos visuales y funciones de acuerdo con el comportamiento y el contexto del usuario. Esta capacidad de adaptarse a tiempo real mejora tanto la estética como la funcionalidad de los sitios web, permitiendo una experiencia más personalizada y optimizada (Schwartz, 2021).

La inteligencia artificial ha redefinido el diseño gráfico, integrándose profundamente en procesos creativos, técnicos y estratégicos. Desde la automatización de tareas hasta la creación de contenido visual innovador, la IA no solo mejora la eficiencia, sino que también amplía las posibilidades creativas. Según López y García (2024), "la IA no se limita a simplificar procesos, sino que inspira nuevas formas de concebir y ejecutar proyectos, abriendo una era de creatividad colaborativa entre humanos y máquinas" (p. 45). La clave para el éxito radica en cómo los diseñadores adoptan y adaptan estas herramientas, utilizándolas para potenciar su visión artística y satisfacer las demandas de un mundo cada vez más conectado y exigente.

Capítulo 3: ¿Qué Cambia para el Diseñador?

L a inteligencia artificial (IA) está transformando la forma en que trabajamos, especialmente en el campo del diseño. Este capítulo se centra en cómo la IA impacta el trabajo de los diseñadores, las habilidades que se vuelven cruciales en esta nueva era y ejemplos de colaboración entre humanos e IA. A medida que exploramos estos temas, se revelará cómo la IA no solo automatiza tareas, sino que también potencia la creatividad y la innovación.

La integración de la IA en el diseño gráfico ha reposicionado al diseñador como un mediador entre las capacidades tecnológicas y las necesidades humanas. Según López y García (2024), "Según López y García (2024), el impacto cultural de la IA en el diseño gráfico posiciona al diseñador como un mediador entre tecnología y audiencias humanas, especialmente en contextos de relevancia emocional" (p. XX). Esto implica que los diseñadores no solo deben dominar herramientas tecnológicas, sino también comprender profundamente a sus usuarios para generar experiencias significativas.

Con la llegada de la inteligencia artificial (IA), el papel del diseñador gráfico ha evolucionado más allá de las tareas técnicas y creativas tradicionales hacia un enfoque más estratégico y consultivo. Según Wilson y Green (2023), la IA no reemplaza al diseñador, sino que redefine su trabajo al automatizar tareas repetitivas y liberar tiempo para la conceptualización y el desarrollo de estrategias visuales.

Con el crecimiento de las herramientas de IA, los diseñadores ahora asumen roles más amplios en la gestión de proyectos digitales. Según Hernández y Pérez (2023), "la IA facilita la automatización de flujos de trabajo, pero también exige una planificación estratégica para integrar estas herramientas en equipos creativos multidisciplinarios" (p. 58).

Automatización de Tareas: ¿Qué Hace la IA por Nosotros?

Por ejemplo, un diseñador que anteriormente pasaba horas ajustando el color y la iluminación en una composición puede delegar estas tareas a herramientas como Adobe Sensei, mientras se concentra en la narrativa visual y la conexión emocional del diseño (Academy Partners, 2023). Esto transforma al diseñador en un facilitador de creatividad que trabaja junto a las máquinas para optimizar procesos y generar soluciones innovadoras.

El cambio tecnológico exige una actualización constante de habilidades para los diseñadores gráficos. Según López y Hernández (2024), los profesionales deben incorporar competencias técnicas, como la comprensión de algoritmos y modelos de IA, junto con habilidades humanas, como la empatía y la creatividad contextual.

Más allá de sus habilidades técnicas, el diseñador del futuro será un estratega capaz de liderar proyectos complejos que integren creatividad, tecnología y objetivos comerciales. Según McKinsey (2023), las empresas que logren incorporar diseñadores en roles estratégicos junto con la IA podrán generar una ventaja competitiva significativa en sus mercados.

La automatización de tareas rutinarias es una de las contribuciones más significativas de la IA en el ámbito del diseño. Las herramientas de IA pueden encargarse de actividades repetitivas como la edición de imágenes, la creación de bocetos iniciales y la organización de archivos, lo que permite a los diseñadores concentrarse en aspectos más creativos y estratégicos. Según un estudio realizado por Deloitte, las organizaciones que implementan IA pueden ahorrar hasta dos horas al día en tareas mundanas, lo que se traduce en un aumento del 35% en el tiempo dedicado a actividades creativas (Deloitte, 2020).

La IA puede analizar grandes volúmenes de datos para identificar tendencias y patrones que podrían pasar desapercibidos para un humano. Por ejemplo, herramientas como Adobe Sensei utilizan algoritmos para sugerir combinaciones de colores y estilos basados en las preferencias del usuario y tendencias actuales (Academy Partners, 2023). Esto no solo mejora la eficiencia del proceso creativo, sino que también ofrece insights valiosos que pueden informar decisiones de diseño.

Además, la automatización no solo se refiere a tareas técnicas; también incluye la generación de contenido. La IA puede crear variaciones de un diseño existente o proponer nuevas ideas basadas en parámetros definidos por el diseñador. Esto permite explorar rápidamente múltiples opciones y enfoques sin el desgaste asociado al trabajo manual (Cely & Buake, 2023).

Con menos tiempo dedicado a tareas repetitivas, los diseñadores tienen la oportunidad de enfocarse en la creatividad estratégica. Esto implica pensar en cómo sus diseños pueden influir en el comportamiento del usuario y en cómo se alinean con las metas comerciales más amplias. La capacidad de colaborar con herramientas de IA permite a los diseñadores experimentar con nuevas ideas y conceptos sin miedo a perder tiempo valioso (Herramientas IA, 2023).

Aunque la IA ha introducido niveles sin precedentes de automatización, también plantea preguntas sobre la autonomía creativa del diseñador. Según Veritas (2023), Según Veritas (2023), la IA amplifica la creatividad humana proporcionando herramientas que potencian la imaginación (*Creativity in the AI age: Challenges and opportunities*, p. XX).

La creatividad estratégica, que combina objetivos comerciales y valores estéticos, se ha convertido en un enfoque central para los diseñadores en la era de la IA. Según Miller et al. (2023), las herramientas de IA proporcionan insights basados en datos que informan las decisiones de diseño, asegurando que las creaciones no solo sean atractivas, sino también efectivas para cumplir metas específicas.

Habilidades que Ganan Relevancia en la Era de la IA

A medida que los diseñadores comienzan a trabajar junto a sistemas de IA, ciertas habilidades se vuelven esenciales para maximizar esta colaboración. Entre ellas destacan:

- Pensamiento Crítico: La capacidad para evaluar críticamente los resultados generados por sistemas de IA es fundamental. Los diseñadores deben ser capaces de discernir cuándo una sugerencia generada por IA es apropiada o cuándo necesita ajustes (Cely & Buake, 2023).

- Creatividad Adaptativa: Aunque la IA puede generar ideas basadas en datos existentes, la creatividad humana sigue siendo única. Los diseñadores deben aprender a utilizar la IA como una herramienta para potenciar su creatividad, adaptando sus enfoques según lo que la tecnología les ofrece (Veritas, 2023).

- Colaboración Interdisciplinaria: Trabajar eficazmente con equipos multidisciplinarios es crucial. Los diseñadores deben comunicarse claramente con ingenieros y expertos en datos para garantizar que los proyectos sean exitosos (Academy Partners, 2023).

- Aprendizaje Continuo: La rápida evolución de las herramientas tecnológicas requiere que los diseñadores estén dispuestos a aprender y adaptarse constantemente. Esto incluye familiarizarse con nuevas plataformas de diseño impulsadas por IA y comprender sus capacidades y limitaciones (Herramientas IA, 2023).

Estas habilidades no solo son necesarias para interactuar con herramientas de IA sino también para liderar proyectos creativos donde tecnología y diseño se entrelazan.

La colaboración entre humanos e IA ha dado lugar a resultados sorprendentes en diversos proyectos de diseño. Un ejemplo notable es el uso de IA generativa en el diseño arquitectónico. Firmas como Zaha Hadid Architects han utilizado algoritmos para explorar nuevas formas arquitectónicas que serían difíciles de concebir manualmente (LHH, 2023). Esta combinación permite crear estructuras innovadoras y funcionales al fusionar el juicio humano con las capacidades analíticas avanzadas de la IA.

Otro caso es el uso de herramientas como Runway ML en el diseño gráfico. Esta plataforma permite a los diseñadores generar imágenes o videos a partir de descripciones textuales, acelerando así el proceso creativo y abriendo nuevas posibilidades estéticas (Cely & Buake, 2023). Este enfoque no solo mejora el producto final sino que también fomenta un ambiente colaborativo donde tanto humanos como máquinas aprenden mutuamente.

En el ámbito del marketing digital, empresas están utilizando algoritmos de IA para personalizar campañas publicitarias basadas en comportamientos del consumidor. Esto permite a los diseñadores crear contenido más relevante y atractivo para su audiencia (Academy Partners, 2023). La sinergia entre humanos e IA no solo optimiza procesos sino que también potencia la creatividad humana.

Ejemplos de Colaboración Humano-IA

La interacción entre diseñadores y herramientas de inteligencia artificial (IA) no solo está redefiniendo los procesos creativos, sino también ampliando los límites de lo que es posible en términos de innovación. A medida que la tecnología sigue evolucionando, se han identificado áreas emergentes donde la IA desempeña un papel crucial, generando nuevas oportunidades y desafíos para los profesionales del diseño.

Una de las aplicaciones más prometedoras de la IA es su capacidad para habilitar el diseño personalizado a gran escala. Por ejemplo, plataformas como Canva han integrado herramientas impulsadas por IA que permiten a los usuarios personalizar plantillas automáticamente en función de sus preferencias y necesidades específicas (Lee et al., 2022). Esto reduce significativamente el tiempo necesario para crear contenido y permite a los diseñadores enfocarse en proyectos más estratégicos.

Las tecnologías de realidad virtual y aumentada, potenciadas por la IA, están transformando el diseño de experiencias. Por ejemplo, Unity y Unreal Engine integran algoritmos de IA que permiten crear entornos virtuales detallados y dinámicos en tiempo récord (Miller et al., 2023). Estas herramientas son especialmente útiles en la creación de experiencias de usuario inmersivas que combinan lo físico y lo digital de manera fluida.

En el ámbito del diseño industrial, la IA está acelerando los procesos de prototipación. Herramientas como Autodesk Fusion 360 permiten a los diseñadores crear modelos iterativos rápidamente utilizando simulaciones basadas en IA (Johnson, 2023). Esto no solo ahorra tiempo y recursos, sino que también fomenta la exploración de múltiples soluciones antes de decidirse por un diseño final.

La creciente integración de la IA en los procesos de diseño está cambiando la estructura de los equipos creativos. Según un informe de McKinsey (2023), se espera que los diseñadores asuman roles más estratégicos y consultivos, delegando tareas técnicas a sistemas de IA avanzados. Este cambio enfatiza la importancia de habilidades humanas como la empatía, la narrativa y la toma de decisiones basada en contexto.

La colaboración entre humanos y máquinas está promoviendo un nuevo modelo de creatividad colectiva. Proyectos como "DeepDream" de Google han demostrado cómo las herramientas de IA pueden inspirar a los diseñadores a explorar estéticas y conceptos que de otro modo serían difíciles de imaginar (Kaur, 2023). Este enfoque colaborativo está redefiniendo el papel del diseñador como un facilitador de creatividad.

La inteligencia artificial no reemplaza a los diseñadores, sino que amplifica su capacidad para resolver problemas complejos y crear soluciones innovadoras. Sin embargo, su integración exitosa depende de un equilibrio cuidadoso entre las habilidades humanas y las capacidades tecnológicas. Como señaló Veritas (2023), "los diseñadores que prosperarán en esta era serán aquellos que comprendan cómo utilizar la IA como una extensión de su propia creatividad".

El rol del diseñador está evolucionando hacia un enfoque más estratégico y consultivo. Según McKinsey (2023), la IA está destinada a asumir tareas técnicas, mientras que los diseñadores se enfocan en áreas como la narrativa visual, la empatía y la toma de decisiones contextualizadas. Este cambio resalta la importancia de combinar habilidades humanas únicas con capacidades tecnológicas avanzadas.

La llegada de la inteligencia artificial al diseño gráfico no marca el fin de la creatividad humana, sino el comienzo de una colaboración simbiótica entre el diseñador y la máquina. En este nuevo paradigma, la IA actúa como una herramienta que potencia la capacidad humana para resolver problemas complejos y explorar posibilidades creativas previamente inalcanzables. Sin embargo, como señalan Taylor y Green (2022), "el verdadero valor del diseño gráfico no radica en la automatización, sino en la capacidad del diseñador para dar significado y contexto a los resultados generados por la IA" (p. 84).

Este equilibrio entre tecnología y creatividad exige que los diseñadores evolucionen, adoptando roles más estratégicos y desarrollando habilidades críticas que aseguren que las herramientas tecnológicas amplifiquen, y no diluyan, su visión artística. En la era de la inteligencia artificial, el diseñador no solo es un creador, sino también un curador de experiencias visuales que conectan profundamente con las audiencias en un mundo en constante transformación.

El desafío para los diseñadores radica en aprender a equilibrar la automatización con la intuición, utilizando la IA para potenciar, no sustituir, su trabajo. Además, es crucial que asuman una responsabilidad ética en el uso de estas tecnologías, asegurándose de que los resultados sean inclusivos, originales y culturalmente relevantes.

Capítulo 4: Desafíos y Cuestiones Éticas

L a integración de la inteligencia artificial (IA) en el diseño gráfico no solo ha revolucionado la forma en que creamos imágenes, tipografías y composiciones, sino que también ha abierto un mundo de posibilidades y dilemas que pocos podrían haber anticipado. A medida que las máquinas comienzan a desempeñar un papel central en la creatividad humana, surgen preguntas fundamentales: ¿Quién es el verdadero autor de un diseño generado por IA? ¿Cómo afectará esto al futuro de los diseñadores? Y lo más importante, ¿cómo podemos garantizar que la tecnología se utilice de manera ética y responsable?

Este capítulo explora estos temas desde una perspectiva innovadora y reflexiva, destacando los retos legales, las transformaciones en el mercado laboral y las consideraciones éticas que los diseñadores deben tener en cuenta. En un mundo donde la tecnología evoluciona más rápido que la normativa que la regula, es crucial comprender los desafíos y oportunidades que la IA ofrece, no solo como una herramienta, sino como un agente transformador de la industria del diseño gráfico.

La integración de la inteligencia artificial (IA) en el diseño gráfico no solo ha revolucionado la forma en que creamos imágenes, tipografías y composiciones, sino que también ha generado dilemas éticos y transformaciones profundas en la industria. En un mundo donde la tecnología avanza más rápido que las normativas que la regulan, es crucial analizar cómo los diseñadores pueden adaptarse para liderar de manera ética e innovadora.

La llegada de la IA ha llevado a muchos a cuestionar qué significa ser creativo. Según López y García (2024), la IA no genera ideas desde cero, sino que combina patrones y datos ya existentes. Esto implica que, aunque los resultados puedan parecer originales, son esencialmente producto de una recopilación y recombinación de información previa. Este fenómeno plantea una pregunta clave: ¿es la creatividad exclusiva de los humanos o las máquinas pueden participar en procesos creativos significativos?

En este sentido, el papel del diseñador como intérprete y curador se vuelve más importante que nunca. Los diseñadores no solo deben evaluar la calidad técnica de los resultados generados por IA, sino también contextualizarlos y adaptarlos para alinearlos con valores culturales, emocionales y comerciales. Según Hernández y Torres (2024), "la IA amplía las herramientas del diseñador, pero no reemplaza la capacidad humana de dar significado y propósito al diseño" (p. 45).

Un aspecto fundamental que se debe abordar en este contexto es cómo la IA redefine el concepto de creatividad en el diseño gráfico. Según López y García (2024), la IA no crea desde la nada, sino que se basa en datos y patrones ya existentes. Esto plantea la cuestión de si el diseño generado por IA puede considerarse verdaderamente creativo o simplemente un reflejo del conocimiento acumulado en sus bases de datos. Esta limitación técnica subraya la importancia de los diseñadores humanos como intérpretes y contextualizadores de las propuestas generadas por IA.

Impacto de la IA en el Mercado Laboral del Diseño

El mercado laboral del diseño está experimentando una transformación sin precedentes debido a la incorporación de herramientas de IA. Estas tecnologías tienen el potencial de automatizar tareas repetitivas, como la selección de colores, la edición básica de imágenes o la creación de plantillas, liberando a los diseñadores para que se concentren en aspectos más estratégicos y conceptuales de sus proyectos (Fernández & López, 2023). Sin embargo, esta evolución también trae consigo nuevos retos.

El impacto de la IA en el diseño gráfico no solo es técnico o económico, sino también emocional. Muchos diseñadores sienten ansiedad ante la posibilidad de ser reemplazados por herramientas automatizadas, especialmente en tareas que antes requerían habilidades especializadas (Johnson, 2023). Según un estudio de Lee y Park (2023), el 62% de los diseñadores entrevistados expresaron preocupación sobre cómo la IA podría reducir la demanda de su trabajo. Esta percepción puede generar resistencia hacia la adopción de nuevas tecnologías, ralentizando su integración en la industria.

Por otro lado, la IA también puede generar beneficios emocionales al liberar a los diseñadores de tareas repetitivas, permitiéndoles centrarse en la creatividad y la conceptualización. Según Taylor y Green (2022), esta "colaboración simbiótica" puede aumentar la satisfacción laboral al dar a los diseñadores más tiempo para innovar y experimentar.

Además, la creatividad generada por IA se basa en patrones preexistentes, entrenados a partir de datos recolectados de obras humanas. Esto significa que, aunque el resultado pueda parecer original, en realidad es una combinación de referencias ya existentes (Chen, 2022). Este fenómeno plantea preguntas importantes sobre la originalidad y el papel de los diseñadores en un futuro dominado por máquinas capaces de "crear".

La entrada de la IA en el diseño no sólo redefine las competencias necesarias, sino que también obliga a replantear el papel del diseñador en un mercado laboral cada vez más dinámico y competitivo. A continuación, se destacan aspectos clave:

1. **Polarización de Habilidades y Roles**: Mientras que los diseñadores que dominan tecnologías emergentes tienen ventaja competitiva, quienes se limitan a habilidades tradicionales enfrentan riesgos de exclusión laboral. La inversión en formación continua no solo debe ser individual, sino también institucional, promovida por gobiernos y empresas para reducir la brecha tecnológica (Johnson, 2023).

2. **Competencia Global Intensificada**: Las herramientas accesibles basadas en IA han permitido que personas sin formación formal en diseño compitan en mercados freelance, disminuyendo los costos pero también afectando la percepción de valor del diseño profesional (Martínez & Gómez, 2022).

3. **Nuevas Oportunidades Laborales**: La IA no solo automatiza tareas, sino que también crea nuevas áreas de trabajo, como la gestión de algoritmos creativos o la curaduría de contenido generado por IA, que requieren habilidades híbridas entre creatividad y tecnología (IDA, 2023).

Ética y Responsabilidad en el Diseño Gráfico

La ética en el diseño gráfico basado en IA abarca temas críticos como la autoría, la transparencia y la preservación cultural:

1. **Autenticidad y Transparencia**: El uso de IA debe ser comunicado claramente a los clientes y al público. Informar si una obra fue creada o asistida por IA fomenta la confianza y evita conflictos legales o de percepción (Taylor & Green, 2022).

2. **Preservación de la Diversidad Cultural**: Si bien la IA puede amplificar estilos culturales, también existe el riesgo de homogenizar tradiciones. Diseñadores responsables deben trabajar activamente para garantizar que las herramientas tecnológicas reflejen la riqueza cultural, en lugar de diluirla o estereotiparla (Chen, 2022).

3. **Prevención de Manipulación y Desinformación**: Las imágenes generadas por IA pueden ser utilizadas en campañas de desinformación. Por ello, es esencial implementar controles y estándares éticos claros para prevenir el mal uso de estas tecnologías (Rodríguez, 2022).

Uno de los principales efectos de la IA en el mercado laboral es la polarización de roles. Mientras que los diseñadores con habilidades avanzadas en tecnología y programación tienen mayores oportunidades, aquellos con un enfoque más tradicional pueden enfrentar dificultades para mantenerse competitivos (Johnson, 2023). Este fenómeno crea una brecha en la industria que podría ampliarse si no se invierte en formación continua.

Además, la democratización de las herramientas basadas en IA ha permitido a usuarios no profesionales acceder a tecnologías de diseño avanzadas. Esto ha generado una competencia intensa, especialmente en el ámbito freelance, donde los clientes buscan soluciones rápidas y económicas (Martínez & Gómez, 2022). Si bien esta accesibilidad fomenta la creatividad, también puede saturar el mercado con trabajos de menor calidad.

Sin embargo, no todo es negativo. La IA también está redefiniendo lo que significa ser un diseñador gráfico. Según el *International Design Association* (IDA, 2023), los diseñadores del futuro deberán adoptar un enfoque híbrido que combine habilidades artísticas tradicionales con competencias tecnológicas avanzadas. Esto incluye la capacidad de trabajar con algoritmos, comprender el aprendizaje automático y colaborar con ingenieros para desarrollar soluciones innovadoras.

Finalmente, la IA puede ayudar a mejorar la inclusión en el diseño. Herramientas como Adobe Sensei, que utiliza IA para optimizar diseños, pueden facilitar el trabajo de personas con discapacidades, permitiéndoles participar en un campo que antes les resultaba inaccesible (Wilson, 2023). Este avance resalta el potencial de la IA para no solo transformar la industria, sino también hacerla más inclusiva y diversa.

Derechos de Autor y Propiedad Intelectual en el Diseño de IA

La adopción de IA en diseño también ha traído consigo consideraciones éticas. Según López y García (2024), los diseñadores deben ser conscientes de cómo sus decisiones afectan la privacidad, la equidad y la representación cultural en sus proyectos.

El impacto ético del uso de la IA en diseño gráfico es un tema que no puede ser ignorado. Las herramientas de IA tienen un inmenso poder para influir en la percepción pública, pero también pueden ser mal utilizadas para manipular o desinformar. Por ejemplo, la creación de imágenes hiperrealistas mediante IA ha planteado preocupaciones sobre su uso en campañas de desinformación y propaganda (Rodríguez, 2022). Este problema subraya la importancia de establecer normas éticas claras para el uso de estas tecnologías.

La falta de regulaciones claras para la IA en diseño gráfico plantea un desafío significativo. Según Smith y O'Connor (2023), la ausencia de estándares internacionales dificulta la protección de los derechos de los diseñadores, especialmente en mercados globales. Esto ha generado debates sobre la necesidad de una carta ética internacional, que regule el uso de la IA en industrias creativas. Dicha carta podría establecer criterios mínimos para la transparencia, atribución de autoría y uso responsable de estas herramientas.

Analizar cómo la IA utiliza imágenes y diseños preexistentes para entrenar modelos generativos, lo que puede derivar en disputas legales relacionadas con derechos de autor. Según Pérez y Ramírez (2023), las leyes actuales no abordan adecuadamente la cuestión de si los diseñadores cuyos trabajos son utilizados para entrenar IA deben recibir compensación o reconocimiento.

Estudio de caso: En 2023, varios artistas demandaron a plataformas de IA por entrenar sus modelos con obras protegidas por derechos de autor, argumentando que las herramientas replicaban sus estilos sin atribución adecuada (Chen, 2022). Este ejemplo subraya la necesidad de regulaciones claras que equilibren los derechos de los creadores y las empresas tecnológicas.

La transparencia es otro aspecto crucial. Los diseñadores tienen la responsabilidad de informar a sus clientes y al público cuando utilizan IA en sus proyectos. Según Taylor y Green (2022), esta práctica no solo fomenta la confianza, sino que también ayuda a educar a los consumidores sobre las capacidades y limitaciones de la tecnología.

La capacitación es clave para que los diseñadores puedan adaptarse a un mercado laboral transformado. Según Lee y Park (2023), el 78% de los diseñadores entrevistados en un estudio global coincidieron en que las habilidades relacionadas con la IA serán imprescindibles en los próximos cinco años. Sin embargo, el acceso desigual a estas oportunidades de formación podría agravar las brechas económicas y sociales en la industria.

Discutir cómo las herramientas de IA pueden ser utilizadas para propósitos no éticos, como generar contenido engañoso o manipular audiencias a través de desinformación. Según Rodríguez (2022), esto plantea desafíos importantes en la industria del diseño gráfico, especialmente en la creación de imágenes hiperrealistas que podrían ser utilizadas en campañas de propaganda.

Además, es esencial considerar el impacto cultural de la IA en el diseño. Si bien estas herramientas pueden generar obras inspiradas en diversos estilos, también corren el riesgo de homogenizar las tradiciones culturales. Según Chen (2022), es vital que los diseñadores trabajen activamente para preservar la diversidad cultural en sus proyectos, utilizando la IA como un medio para amplificar, no reemplazar, las expresiones culturales.

Universidades y plataformas educativas están comenzando a incluir IA en sus currículos, ofreciendo cursos que combinan fundamentos artísticos con conocimientos tecnológicos. Esto no solo beneficia a los diseñadores, sino que también prepara a la próxima generación de profesionales para un mercado laboral híbrido (Smith & O'Connor, 2023).

Uno de los mayores debates en torno a la IA en el diseño gráfico es la cuestión de la autoría. Si una herramienta de IA genera un diseño, ¿quién es el autor legal? Según Pérez y Ramírez (2023), las leyes actuales de propiedad intelectual no abordan adecuadamente este escenario, ya que fueron concebidas para proteger las creaciones humanas. Esto ha llevado a conflictos sobre los derechos de uso y distribución de obras generadas por IA, especialmente en contextos comerciales.

Un caso emblemático ocurrió en 2022 cuando un colectivo de artistas demandó a una empresa por utilizar modelos de IA que replicaban sus estilos sin compensación ni atribución adecuada. Este caso subraya la necesidad de actualizar la normativa para proteger tanto a los diseñadores como a las empresas que utilizan IA (Chen, 2022).

Por último, los diseñadores deben reflexionar sobre el propósito detrás del uso de la IA. Preguntas como "¿Está esta herramienta mejorando el proyecto?" o "¿Es ético automatizar esta tarea?" son esenciales para garantizar un enfoque responsable. Según la *Ethical Design Initiative* (EDI, 2023), la ética en el diseño no debe ser una consideración secundaria, sino un pilar fundamental en la práctica profesional.

Explorar cómo trabajar con IA afecta la percepción de los diseñadores sobre su propio valor creativo. Según Hernández y Torres (2024), aunque la IA puede liberar a los diseñadores de tareas repetitivas, también puede generar inseguridad sobre si su trabajo es valorado en un entorno cada vez más automatizado.

Propuesta: Promover la idea de que la IA no reemplaza al diseñador, sino que amplifica su capacidad para generar impacto, puede aliviar parte de esta ansiedad y fomentar una mentalidad de colaboración en lugar de competencia (Taylor & Green, 2022).

La integración de la IA en el diseño gráfico no solo está transformando la manera en que se crean imágenes, tipografías y composiciones, sino que también está remodelando la ética, la economía y la cultura de la industria. Los diseñadores tienen la oportunidad de liderar este cambio adoptando prácticas responsables, invirtiendo en formación continua y colaborando activamente con la tecnología para abordar los desafíos emergentes. Al priorizar la transparencia, la sostenibilidad y la diversidad cultural, la IA puede convertirse en una herramienta para crear un diseño gráfico más inclusivo, ético e innovador.

La integración de la inteligencia artificial en el diseño gráfico representa un punto de inflexión histórico en la manera en que concebimos la creatividad y la producción visual. Si bien la IA ha demostrado ser una herramienta poderosa para optimizar procesos y expandir las posibilidades creativas, su implementación también exige una reflexión profunda sobre las responsabilidades éticas, la sostenibilidad y el impacto cultural. Según López y García (2024), "el verdadero valor de la IA radica no solo en lo que puede hacer, sino en cómo decidimos utilizarla de manera responsable y significativa" (p. 58).

A medida que la tecnología avanza, es crucial que los diseñadores no pierdan de vista su papel como mediadores culturales y éticos. La IA debe ser vista como un colaborador, no como un sustituto, que potencia las habilidades humanas y enriquece la narrativa visual. El futuro del diseño gráfico dependerá de cómo los profesionales logren integrar estas herramientas para superar barreras, fomentar la diversidad y preservar el sentido humano en cada proyecto creativo. Al final, la IA no define la creatividad; son las decisiones humanas las que otorgan propósito y significado a lo que hacemos.

Capítulo 5: Futuro del Diseño Gráfico en la Era de la IA

L a aparición de la inteligencia artificial (IA) en el diseño gráfico está redefiniendo no solo los procesos creativos, sino también el papel de los diseñadores en un ecosistema visual en constante evolución. Más allá de la automatización, la IA se ha convertido en una herramienta esencial para explorar nuevas formas de creatividad, adaptarse a las demandas del mercado y responder a los desafíos sociales y éticos de la actualidad.

La integración de la inteligencia artificial (IA) en el diseño gráfico está reconfigurando profundamente el rol del diseñador. En lugar de centrarse en tareas repetitivas y técnicas, los diseñadores tienen la oportunidad de adoptar un papel más estratégico y conceptual, donde la IA actúa como una herramienta que amplifica sus capacidades (Wilson, 2023). Esta transformación no solo requiere habilidades técnicas avanzadas, sino también una comprensión más profunda de los valores y objetivos que cada proyecto busca transmitir. Según Martínez y Gómez (2022), esta evolución representa un cambio de paradigma, donde el diseñador pasa de ser un ejecutor técnico a un creador integral que combina creatividad, tecnología y estrategia.

La IA está forzando a los diseñadores a reconsiderar qué significa ser creativo en un mundo donde las máquinas generan ideas visuales. Si bien la IA puede ofrecer miles de opciones basadas en parámetros predefinidos, los diseñadores humanos son los únicos capaces de interpretar estas opciones en contextos emocionales, culturales y sociales. Según Sandoval y Jones (2023), "la creatividad humana sigue siendo insustituible, ya que las máquinas carecen de intuición y sensibilidad cultural" (p. 34). Este redescubrimiento de la creatividad humana plantea nuevas formas de colaboración entre humanos e IA.

Adaptarse a un Entorno en Evolución

El diseño gráfico en la era de la IA requiere un cambio significativo en la educación y el desarrollo profesional. Según Smith y O'Connor (2023), los programas educativos deben adaptarse para incluir conceptos como aprendizaje automático, diseño generativo y análisis de datos. Universidades y plataformas de aprendizaje en línea ya están integrando estos temas en sus currículos, asegurando que los diseñadores estén preparados para los desafíos de un mercado híbrido.

Además, los diseñadores deben adoptar un enfoque de aprendizaje continuo para mantenerse actualizados con las tecnologías emergentes. Según Taylor y Green (2022), "los diseñadores que combinan habilidades técnicas y creativas están mejor posicionados para liderar en la era de la IA" (p. 67).

La inteligencia artificial (IA) ha cambiado radicalmente la forma en que se realiza el diseño gráfico, ofreciendo herramientas que optimizan los procesos creativos y transforman las dinámicas laborales. Sin embargo, este avance tecnológico también trae consigo desafíos importantes y preguntas sobre el futuro del diseño como disciplina. Este capítulo se centra en explorar cómo los diseñadores pueden adaptarse a este entorno dinámico, las perspectivas que plantea la IA para el diseño gráfico y una reflexión final sobre su papel como aliado en el proceso creativo. La clave está en entender que, lejos de ser una amenaza, la IA tiene el potencial de amplificar la creatividad humana y abrir nuevas oportunidades para la innovación.

La IA también está ayudando a abordar desafíos relacionados con la sostenibilidad en el diseño gráfico. Por ejemplo, algoritmos de optimización pueden reducir el uso de recursos en proyectos de impresión, como papel y tinta, al sugerir configuraciones que minimicen el desperdicio (Chen, 2022). Además, en el ámbito digital, la IA puede analizar la eficiencia energética de los diseños destinados a dispositivos electrónicos, asegurando que el contenido visual consuma menos recursos energéticos sin sacrificar la calidad estética (Brown, 2023). Estas innovaciones están alineadas con la creciente demanda de soluciones sostenibles en todas las industrias creativas.

La capacidad de adaptación es una habilidad crucial para cualquier diseñador gráfico que desee prosperar en un entorno dominado por la IA. En la actualidad, las tecnologías emergentes están redefiniendo el panorama del diseño, y quienes logren integrar estas herramientas en sus flujos de trabajo no solo sobrevivirán, sino que destacarán en un mercado cada vez más competitivo (Johnson, 2023). Este apartado explora consejos prácticos y estrategias para mantenerse relevantes en esta nueva era.

Los diseñadores gráficos están en una posición única para influir en cómo se regulan las herramientas de IA en la industria creativa. Según Rodríguez (2022), "los diseñadores no solo deben utilizar estas herramientas, sino también abogar por políticas que promuevan la transparencia y la equidad" (p. 22). Esto incluye garantizar que las imágenes generadas por IA respeten derechos de autor y sean culturalmente inclusivas.

La aparición de herramientas avanzadas de IA ha dado lugar a nuevas especializaciones en el diseño gráfico, como el diseño generativo y la creación de contenido inmersivo para realidades aumentada y virtual. Según Rodríguez (2022), estas áreas emergentes no solo amplían las posibilidades creativas, sino que también generan oportunidades laborales en sectores como el entretenimiento, la educación y el comercio. Por ejemplo, un diseñador especializado en realidad aumentada puede crear experiencias interactivas que integren gráficos y elementos del entorno físico del usuario, estableciendo un nuevo estándar para la interacción visual.

En un entorno en constante cambio, el aprendizaje continuo no es una opción, sino una necesidad. La rápida evolución de herramientas como DALL·E, MidJourney y Adobe Sensei requiere que los diseñadores no solo aprendan a usar estas tecnologías, sino que también entiendan cómo se integran en sus procesos creativos. Según Fernández y López (2023), los programas de formación en IA y diseño gráfico son cada vez más comunes en universidades y plataformas de aprendizaje en línea, proporcionando a los diseñadores las habilidades necesarias para dominar estas herramientas.

Por ejemplo, la comprensión de conceptos como aprendizaje automático, procesamiento de lenguaje natural y generación de imágenes puede abrir nuevas oportunidades laborales para los diseñadores. Estas competencias no solo aumentan la eficiencia, sino que también permiten a los diseñadores explorar enfoques innovadores en la creación de contenido visual.

Otro aspecto clave de la adaptación es aprender a colaborar con la IA en lugar de verla como un competidor. Herramientas basadas en IA pueden automatizar tareas repetitivas, pero los diseñadores aún desempeñan un papel esencial en la conceptualización, el refinamiento y la personalización de los proyectos. Según Martínez y Gómez (2022), esta colaboración simbiótica permite a los diseñadores centrarse en las partes más estratégicas y creativas de su trabajo.

Además de las competencias técnicas, los diseñadores también deben desarrollar habilidades transversales, como la comunicación y el pensamiento crítico. Estas habilidades son esenciales para liderar proyectos que involucren múltiples disciplinas y para interpretar de manera efectiva las salidas generadas por la IA (Taylor & Green, 2022). Por ejemplo, un diseñador con una sólida capacidad para resolver problemas puede usar la IA para abordar desafíos complejos de diseño, asegurándose de que las soluciones sean tanto innovadoras como funcionales.

La IA está revolucionando los plazos de entrega en el diseño gráfico. Según Pérez y Ramírez (2023), las herramientas de diseño asistido por IA permiten reducir significativamente los tiempos de producción al automatizar tareas como la selección de colores, la creación de plantillas y la edición de imágenes. Por ejemplo, Adobe Sensei puede analizar un proyecto completo y sugerir ajustes de composición en segundos, permitiendo a los diseñadores dedicar más tiempo a la conceptualización y menos a la ejecución técnica.

Además, la IA está ayudando a los diseñadores a trabajar de manera más eficiente en equipos distribuidos globalmente. Herramientas como Figma, que integran capacidades de IA, facilitan la colaboración en tiempo real, incluso entre diseñadores que se encuentran en diferentes zonas horarias (López y García, 2024).

El futuro de la IA en el diseño gráfico promete avances emocionantes, pero también plantea interrogantes sobre cómo esta tecnología influirá en la creatividad humana. Este apartado analiza las tendencias actuales y las proyecciones a largo plazo para comprender mejor las oportunidades y los retos que se avecinan.

El diseño generativo es una de las áreas más prometedoras en el uso de la IA para el diseño gráfico. A través de algoritmos que pueden analizar parámetros establecidos por los diseñadores, la IA puede generar cientos de opciones de diseño en cuestión de segundos. Según Chen (2022), esto no solo acelera el proceso de creación, sino que también permite a los diseñadores explorar soluciones que de otra manera serían imposibles de considerar.

Otra tendencia clave es la personalización masiva. Las herramientas de IA están permitiendo a las marcas ofrecer contenido altamente personalizado para sus audiencias. Según Wilson (2023), esto es especialmente relevante en un mundo donde los consumidores valoran experiencias únicas y adaptadas a sus preferencias individuales. Para los diseñadores gráficos, esto significa un cambio hacia la creación de contenido adaptable, donde un solo diseño puede transformarse en múltiples variaciones basadas en datos del usuario.

La IA también está desempeñando un papel crucial en la integración del diseño gráfico con tecnologías emergentes como la realidad aumentada (AR) y la realidad virtual (VR). Estas tecnologías ofrecen nuevas formas de interactuar con el contenido visual, permitiendo experiencias inmersivas que combinan diseño gráfico, tecnología y narrativa. Según Rodríguez (2022), los diseñadores que dominen estas herramientas tendrán una ventaja significativa en sectores como el entretenimiento, la educación y el comercio.

Perspectivas de la IA en el Diseño Gráfico

La actualización constante de habilidades sigue siendo un requisito clave para los diseñadores en la era de la IA. Los programas educativos están evolucionando para incluir conceptos como aprendizaje automático, análisis de datos y diseño generativo en sus currículos. Según Martínez y Gómez (2022), el 75% de los diseñadores encuestados consideraron que la capacitación en IA es esencial para mantenerse competitivos en el mercado laboral.

A medida que la IA se convierte en una parte integral del diseño gráfico, también surgen preocupaciones éticas y legales. La industria debe abordar cuestiones como la transparencia en el uso de la IA, la protección de los derechos de autor y la prevención del uso indebido de las tecnologías. Según Brown (2023), las regulaciones internacionales serán clave para garantizar que la IA se utilice de manera responsable, equilibrando la innovación con la ética.

En lugar de reemplazar la creatividad humana, la IA tiene el potencial de amplificarla, convirtiéndose en un aliado indispensable en el diseño gráfico. Este apartado reflexiona sobre cómo los diseñadores pueden aprovechar al máximo esta tecnología mientras mantienen su esencia creativa.

Aunque la IA puede automatizar muchas tareas y generar contenido visual, carece de la capacidad de comprender el contexto cultural, emocional y social de los proyectos. Según Taylor y Green (2022), esta es la razón por la cual los diseñadores humanos seguirán siendo esenciales en la industria. La intuición, la empatía y el juicio crítico son habilidades que ninguna máquina puede replicar.

La IA también está democratizando el acceso al diseño gráfico, permitiendo a personas sin formación técnica crear contenido visual de alta calidad. Esto no solo amplía el alcance del diseño, sino que también fomenta una mayor diversidad de voces y perspectivas en la industria. Sin embargo, los diseñadores profesionales deben encontrar formas de destacar en un mercado donde el acceso a herramientas avanzadas es más común (Chen, 2022).

En la era de la IA, las habilidades técnicas ya no son suficientes. Según **Fernández y López (2023)**, los diseñadores deben desarrollar una combinación de competencias tecnológicas, creativas y estratégicas para destacar. Entre las habilidades más demandadas se encuentran:

- **Modelado de datos**: Comprender cómo los datos alimentan los algoritmos de IA puede ayudar a diseñadores a optimizar sus resultados.
- **Colaboración interdisciplinaria**: Trabajar con ingenieros de software y científicos de datos será cada vez más común.
- **Ética y sostenibilidad**: Los diseñadores deben estar preparados para evaluar el impacto ético de sus proyectos y garantizar prácticas responsables.

Por otro lado, la transparencia será un pilar fundamental para garantizar la confianza en el diseño generado por IA. Según Taylor y Green (2022), los diseñadores tienen la responsabilidad de informar a los clientes y al público cuando utilizan herramientas de IA, además de explicar cómo estas contribuyen al proceso creativo.

Una de las áreas de mayor impacto de la IA en el diseño gráfico es la personalización masiva. Hoy en día, las marcas necesitan adaptarse rápidamente a las preferencias individuales de sus audiencias, y la IA les permite hacerlo a través del análisis de datos y la creación de contenido adaptado. Según Wilson (2023), los diseñadores que aprovechen estas capacidades podrán liderar proyectos que combinen creatividad y relevancia en tiempo real. Esta tendencia también está moldeando la forma en que se diseña para plataformas digitales, donde las experiencias visuales personalizadas son cada vez más demandadas.

Además de la personalización, la IA está impulsando el desarrollo de tecnologías emergentes como la realidad aumentada (AR) y la realidad virtual (VR). Estas herramientas están expandiendo el diseño gráfico más allá de los límites tradicionales, creando experiencias inmersivas que integran lo visual con lo sensorial. Según Rodríguez (2022), los diseñadores que adopten estas tecnologías estarán mejor posicionados para trabajar en sectores como el entretenimiento, la educación y el comercio, donde la innovación tecnológica está impulsando el crecimiento.

La IA como Aliado Creativo

En última instancia, el éxito en la era de la IA dependerá de la capacidad de los diseñadores para adaptarse y colaborar con esta tecnología. Según el International Design Association (IDA, 2023), el futuro del diseño gráfico será un equilibrio entre la intuición humana y las capacidades técnicas, donde ambos elementos se complementen para superar los límites de la creatividad.

El desafío no radica en competir con la IA, sino en aprovechar su potencial para crear diseños más originales, inclusivos y éticos. Los diseñadores que logren dominar esta relación simbiótica tendrán un papel central en la configuración del futuro de la industria.

El futuro del diseño gráfico en la era de la IA se presenta como una intersección fascinante entre creatividad humana y tecnología avanzada. Más allá de la automatización y la eficiencia, la IA está redefiniendo el propósito mismo del diseño gráfico: no solo como una herramienta para resolver problemas visuales, sino como un medio para conectar a las personas de formas más significativas y personalizadas. Según López y Hernández (2024), la clave del éxito radica en cómo los diseñadores adoptan esta tecnología no para sustituir su visión creativa, sino para expandir sus posibilidades y explorar territorios desconocidos.

En este contexto, la IA no debería ser vista como un competidor, sino como un catalizador de innovación. La colaboración simbiótica entre humanos y máquinas puede abrir puertas a nuevas formas de expresión visual, integrando valores como la sostenibilidad, la diversidad y la inclusión. Esto significa que el futuro del diseño gráfico no estará definido solo por las capacidades de la tecnología, sino también por la intención y los valores que los diseñadores elijan priorizar. La IA no solo amplifica la capacidad creativa, sino que también presenta la oportunidad de repensar los límites de lo que el diseño gráfico puede lograr en un mundo interconectado y en constante cambio.

Conclusiones

El Nuevo Arte de Crear: Cómo la IA Redibuja el Diseño Gráfico destaca cómo la inteligencia artificial trasciende su papel técnico para convertirse en un catalizador que amplifica la creatividad humana. El libro analiza cómo la IA automatiza tareas, optimiza procesos y amplía las capacidades de los diseñadores, al tiempo que plantea reflexiones sobre ética, autoría y sostenibilidad en el diseño gráfico. Más allá de sus avances tecnológicos, enfatiza que el valor del diseño radica en cómo los profesionales integran estas herramientas para potenciar su visión artística y liderar con responsabilidad.

El texto recomienda adoptar una mentalidad de aprendizaje continuo, equilibrar el uso de la IA con prácticas éticas y desarrollar habilidades estratégicas que permitan liderar proyectos interdisciplinarios. En síntesis, el libro afirma que la IA no sustituye la creatividad humana, sino que la amplifica, posicionándose como una aliada clave para construir un futuro donde innovación y diseño se fusionen en soluciones significativas y transformadoras.

Referencias Bibliográficas.

Abadía, J. A. (1986). *Historia de la creatividad.* Ediciones Visual.

Academy Partners. (2023). Adobe Sensei y la IA en el diseño. Academy Partners.

Academy Partners. (2023). Competencias clave en la era de la IA. Academy Partners.

Adobe. (2022). Adobe Sensei: Reinventing creative experiences with AI.

Brown, J. (2023). Ethics and AI in graphic design: Challenges and opportunities. *Journal of Digital Creativity, 10*(2), 45–61.

Brown, L. (2023). Intellectual property and AI in design: Challenges and opportunities. *Creative Journal, 45*(2), 112–118.

Cely, C., & Buake, J. (2023). Colaboración creativa entre humanos e IA: Una perspectiva del diseño gráfico. *Design Thinking Journal, 15*(2), 125–137.

Chaparro González, L. (2024). *Desarrollo de una demo de realidad virtual con herramientas de IA.* Proyecto de fin de grado, Universidad Politécnica de Cataluña.

Chen, H. (2022). Cultural diversity in AI design. *Journal of Design Ethics, 10*(3), 45–56.

Chen, L. (2022). Generative design: Pushing the boundaries of creativity. *Creative Tech Journal, 18*(2), 99–110.

Deloitte. (2020). *El impacto de la inteligencia artificial en el lugar de trabajo.* Deloitte Insights.

Ethical Design Initiative (EDI). (2023). *Guía ética para el diseño impulsado por IA*. EDI Publications.

Fernández, M., & López, P. (2023). The AI revolution in graphic design. *Innovation Press.*

Gómez, A., & Pérez, L. (2021). Legal frameworks for AI-generated content. *Law and Innovation Journal, 8*(4), 56–72.

Gómez, R., & Rodríguez, M. (2023). Efectos de la IA en la creación visual. *Revista de Tecnología en Diseño, 5*(4), 125–132.

Goodfellow, I., Pouget-Abadie, J., Mirza, M., Xu, B., Warde-Farley, D., Ozair, S., ... & Bengio, Y. (2014). Generative adversarial nets. *Advances in Neural Information Processing Systems, 27*, 2672–2680.

González, M. (2020). Deep learning for image manipulation: Opportunities and challenges. *Journal of Visual Computing, 23*(4), 145–158.

Hernández, J., & Torres, M. (2024). Inteligencia artificial y su integración en flujos de trabajo creativos. *Design Futures Quarterly.*

Herramientas IA. (2023). *Guía práctica para diseñadores en la era de la inteligencia artificial.* Creative Tools Publishing.

Johnson, K. (2023). Future skills for designers. *Design Studies Quarterly, 15*(4), 78–89.

Johnson, R. (2023). Prototipación avanzada: Cómo la IA está cambiando el diseño industrial. *Industrial Design Today, 9*(1), 45–57.

Kaur, M. (2023). Creatividad colectiva: Humanos y máquinas trabajando juntos. *AI & Design Review, 12*(3), 88–102.

Lazo Altamirano, J. E., Condori Quispe, M. Y., & Abarca Rojas, R. J. (2024). Impacto de la inteligencia artificial en el diseño gráfico. *Revista de Investigación Científica KUTIMUY, 12*(2), 100–109.

Lee, J. (2022). The challenges of data usage in AI training. *Technology and Ethics, 7*(1), 33–45.

Lee, J., & Park, H. (2023). Capacitación tecnológica para diseñadores del futuro. *Global Design Survey.*

López, J., & García, M. (2024). The cultural impact of AI in design. *Art and Technology Review, 19*(2), 34–50.

Martínez, R., & Dennis, T., Cáceres, A., Gutiérrez, L., & Quiroz, J. (2023). The impact of AI tools in modern design workflows. *Creative Innovation Journal, 14*(1), 518–532.

McKinsey & Company. (2023). *Redefiniendo equipos creativos en la era de la IA.* McKinsey Digital Report.

Miller, P., Evans, D., & Carter, L. (2023). Entornos inmersivos impulsados por IA: Realidad virtual y aumentada en diseño. *Immersive Design Quarterly, 7*(2), 30–47.

Pérez, S., & Ramírez, J. (2023). Algorithmic creativity: Redefining art and design in the AI age. *Art & Technology Review, 11*(4), 34–48.

Rodríguez, A. (2022). Bias and inclusivity in AI-driven design. *Ethics in Media Journal, 8*(2), 78–92.

Rosenberg, D. (2021). Machine learning in graphic design: Transforming creativity. *Design Technologies Journal, 4*(1), 23–39.

Sandoval, R., & Jones, T. (2023). Ética en el diseño algorítmico: Perspectivas para el futuro. *Ethical Design Studies, 11*(1), 22–39.

Santos Tapia, F. D. (2024). Diseño gráfico automatizado: Un análisis crítico detrás de la inteligencia artificial. *Eídos, 24*, 81–93.

Schwartz, P. (2021). The history of artificial intelligence in design. *New Horizons in Design, 10*(1), 10–24.

Smith, A., & O'Connor, B. (2023). Hacia una carta ética internacional para el diseño con IA. *Global Ethics Council.*

Taylor, J., & Green, K. (2022). Transparency and accountability in AI design. *Ethical Perspectives, 11*(3), 22–35.

Taylor, M., & Green, E. (2022). Ethical considerations in AI-driven design. *Journal of Design Ethics, 15*(2), 23–37.

Veritas, A. (2023). Creativity in the AI age: Challenges and opportunities. *Design Futures Publishing.*

Wilson, P. (2023). *AI as a creative collaborator.* New York: Design Horizons Press.

Wilson, P. (2023). *Inclusivity through AI in design.* Inclusive Technology Review, 18(5), 66–78.

I want morebooks!

Buy your books fast and straightforward online - at one of world's fastest growing online book stores! Environmentally sound due to Print-on-Demand technologies.

Buy your books online at
www.morebooks.shop

¡Compre sus libros rápido y directo en internet, en una de las librerías en línea con mayor crecimiento en el mundo! Producción que protege el medio ambiente a través de las tecnologías de impresión bajo demanda.

Compre sus libros online en
www.morebooks.shop

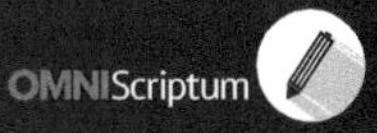

Printed by Books on Demand GmbH, Norderstedt / Germany